溫柔手編織！

最呵護寶寶的衣服&小物

寺西 惠里子

瑞昇文化

溫柔手編織！
最呵護寶寶的
衣服&小物

Contents

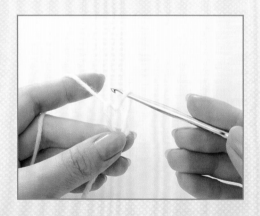

CHAPTER 1
Welcome Baby

CHAPTER 2
♛ First Toys

CHAPTER 3
♛ Best Clothes

Happy Baby

寶貝的出生……

再也沒有比這令人喜悅
而且幸福的事情了。

把這份溫暖的感情
傳達給你的寶貝吧！

前言

寶貝手織服
充滿了手作的溫柔感

尺寸小巧短時間就能完成
一起來享受編織的樂趣吧！

Welcome Baby

一邊想著即將出生的寶寶
一邊親手編織……

一針一線，小心翼翼地
滿滿的期待……

也編織出……未來的夢想。

First Toy

送給剛出生的寶貝
最好的禮物……

想像著寶貝們
拿起玩具玩的樣子……

編織出……寶貝成長的喜悅。

Best Clothes

稍微長大了一點
為挑選寶貝……

喜愛的顏色、適合的顏色
以及滿滿的愛

編織出……媽咪和寶貝的幸福時光。

親手作寶貝手織服……
將想要傳達給寶貝的滿滿的愛，織入其中……

CHAPTER 1
Welcome Baby

親手織入滿滿的幸福
送給剛出生的寶貝

帽子、襪子和披肩的三件組合
配上清爽的藍色十分可愛。
寶貝是小女生的話也可以將藍色換成粉紅色……

First Cap Blue

First Socks Blue

How to Make ♛ CAP（帽子）：P20 ♛ SOCKS（襪子）：P67

第一次嘗試鉤針編織的人也能輕鬆完成的嬰兒披肩

因為是長方形直條編織而成

所以將緞帶解開後……

也可以當作毛毯來使用。

First Cape Blue

送給剛出生寶貝的⋯⋯
第一個玩具，
親手做一個可愛的兔子吧！

兔子、襪子和披肩的3件組合
粉紅色、小花、兔子⋯⋯
將寶貝打扮成一個可愛的小公主。

First Rabbit Pink

First Socks Pink

How to Make 👑 RABBIT（兔子）：P66　SOCKS（襪子）：P67

軟綿綿的小花披肩。
同樣是直條編織而成的披肩
將緞帶解開後……
搖身一變成為一條小花毛毯。

First Flower Cape

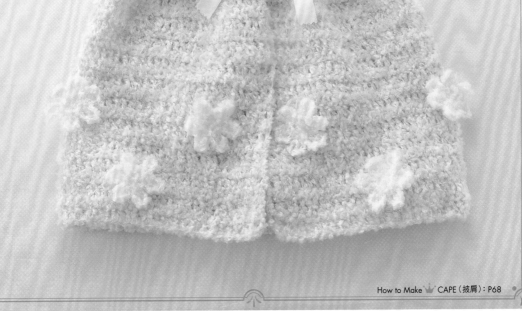

親手編織一個可愛的小白熊……
送給剛出生的寶貝,
當作寶貝的第一位朋友。

然後,
還有第一雙鞋子和背心。
白色緞帶充滿了可愛的氛圍。

First Bear White

First Shoes White

How to Make　BEAR（小熊）：P66　SHOES（嬰兒鞋）：P14

嬰兒背心非常的方便。

穿脫也很容易！

寶貝的肌膚有點冰冷時，可以隨時為寶貝穿上。

加上緞帶設計，搭配出可愛的造型。

寶貝稍微長大時也能繼續穿著，一定要擁有一件的背心。

First Vest

How to Make ♔ VEST（背心）：P69

Let's Try

那麼，就開始吧！！
第一次編織也沒關係。
仔細地、慢慢地編織就好。

那麼就開始來編織
小巧可愛的第一雙嬰兒鞋吧！

First Shoes White & Pink

How to Make
SHOES WHITE（嬰兒鞋）：P14
SHOES PINK（嬰兒鞋）：P69

首先⋯⋯從這裡開始吧！

取出線頭的方法。

1

將手指伸入毛線的中間，
抓住中心的線。

2

將纏繞成一小團的毛線
取出。

3

找出線頭。

毛線和鉤針的拿法。

1

如圖所示般，將毛線繞在
左手上。

2

食指立起，拇指和中指
抓住線頭。

3

右手有如握筆的方式
拿起鉤針。

最初的起針。

1

用手指做出一個圈。

2

將線通過圈的中心並引拔
出來。

3

將鉤針穿過 2 拉出的圈。

4

拉緊線端。

線材
[Hamanaka可愛寶貝] 並太（粗） 原色（2）30g
針
5號 鉤針　縫合針
其他
緞帶 白色 [寬幅0.9cm] 80cm

針目及排數

短針	
10cm24針	10cm24排

尺寸
腳丫尺寸 10～11cm

完成圖

6cm

5.5cm　底部

10.5cm

編織圖

[鞋子上部]

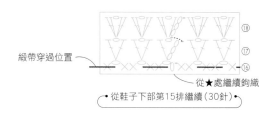

緞帶穿過位置
從★處繼續鉤織
從鞋子下部第15排繼續（30針）

[鞋子上部]

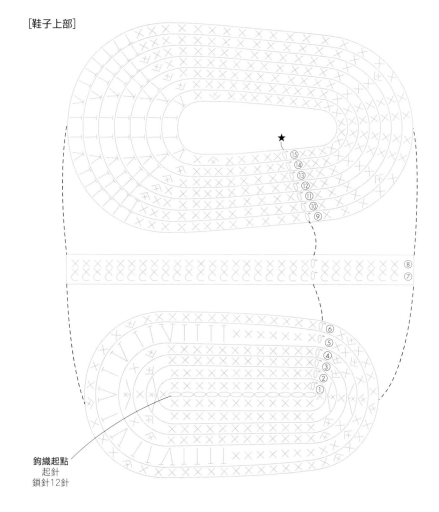

★

鉤織起點
起針
鎖針12針

本體針目的增減方法

鞋子上部		
18	+20	→ 50
16・17	±0	→ 30
鞋子底部		
15	−4	→ 30
14	−4	→ 34
13	−4	→ 38
12	−4	→ 42
11	−4	→ 46
10	−4	→ 50
9	−2	→ 54
7・8	±0	→ 56
6	+6	→ 56
5	+8	→ 50
4	+8	→ 42
3	+4	→ 34
2	+4	→ 30
第1排	+14針	→ 26針
起針	鎖針12針	

1 鉤織起針

鎖針的織法 **1** ▶ **2**

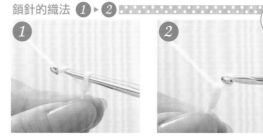

1 首先鉤出鎖針的起針，再將針穿過線。
＊鎖針鉤織起點在第13頁

2 將線引拔出來。
（完成一針鎖針）

3 繼續鉤11針鎖針。

2 鉤第一排

短針的織法 **2** ▶ **6**

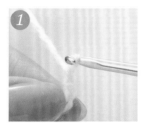

1 鉤一針鎖針。（立針）

2 將針穿入第2針目裡。

3 將針頭鉤住線。

短針的織法

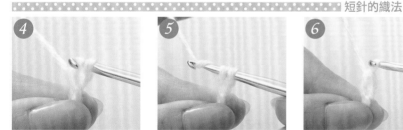

4 將線引拔出來。

5 再次將針頭鉤線。

6 將鉤住的線一次引拔出來。
（完成一針短針）

7 鉤10針短針。

短針加針（1針變3針）
的織法 **8**

短針加針（1針變2針）
的織法 **10**

引拔針的
織法 **11** ▶ **12**

8 在最後的針目裡鉤3針短針。（完成短針加針1針變3針）

9 鉤10針短針。

10 在第一針目鉤2針短針。（完成短針加針1針變2針）

11 將針插入最初的短針針目裡。

12

針頭鉤住線，將線引拔出來。鉤完第一排。

3 鉤到第6排

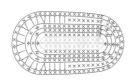

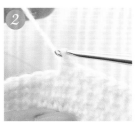

1

依照編織圖所示，鉤到第4排。

2

鉤一針鎖針（立針）和7針短針。

中長針的織法 3 ▶ 8

3

將針頭鉤住線。

4

將針插入下個針目。

5

再將針頭鉤線。

6

直接將鉤住的線引拔出來。

中長針的織法 T

7

針頭鉤住線。

8

將鉤住的線一次引拔出來。（完成中長針一針目）

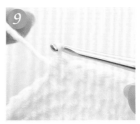

9

繼續鉤3針中長針。

中長針加針（1針變2針）的織法 10 ▽

10

在下一針目裡鉤2針中長針。（完成中長針加針1針變2針）

---

4 鉤第7排

11

依照編織圖所示，鉤到第6排。

1

鉤一針起針。（立針）

**裡牽上短針
的織法 2 ▶ 4**

2

將針由內側插入前排的針目裡。

裡牽上短針的織法

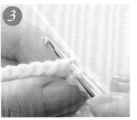

3

針頭轉向外側，將前排的針目整束挑起。

4

接著鉤一針短針。（完成裡牽上短針）

5

用裡牽上短針鉤出1排，完成第7排。

中長針2併針（減針）的織法 **3 ▶ 10**

1

鉤一排短針，完成第8排。

2

鉤一針鎖針（立針）‧12針短針‧6針中長針。

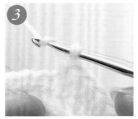

3

將針頭鉤住線。

4

將針插入下一針目。

中長針2併針（減針）的織法

5

針頭鉤住線，將鉤住的線引拔出來。

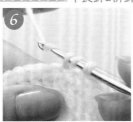

6

針頭鉤住線。

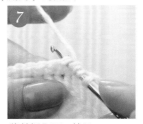

7

將針插入下一針目。

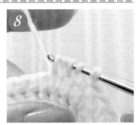

8

針頭鉤住線，將鉤住的線引拔出來。

中長針2併針（減針）的織法

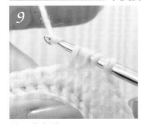

9

針頭鉤住線。

再將鉤住的線一次引拔出來。（完成中長針2併針）

11

依照編織圖所示鉤到第10排。

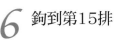
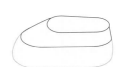

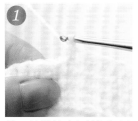

鉤一針鎖針（立針）和11針短針。

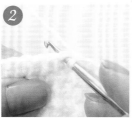

將針插入下一針目。

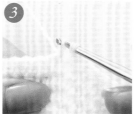

針頭鉤住線，將線引拔出來。

將針插入下一針目。

針頭鉤住線，將鉤住的線引拔出來。

針頭鉤住線。

將鉤住的線一次引拔出來。（完成短針2併針）

依照編織圖鉤完一排。

7 鉤到第17排

依照編織圖所示鉤到第15排。

鉤2針鎖針。（第一針目立針）

跳過一個針目，鉤2針短針。

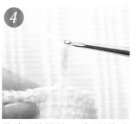

依照編織圖的順序用鎖針和短針鉤完一排，完成第16排。

鉤出4針鎖針。（3針為立針）

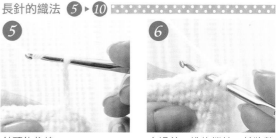

針頭鉤住線。

穿過前一排的鎖針，並將整束線挑起。

7 針頭鉤住線，將鉤住的線引拔出來。

8 針頭鉤住線。

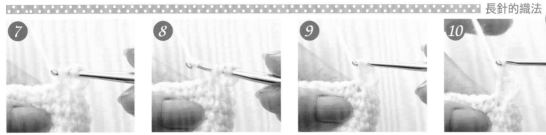

9 拉出2針目的線。

10 再次將針頭鉤住線，並將鉤住的線一次引拔出來。（完成一針長針）

11 鉤一針鎖針，在同一針目裡鉤出一針長針。

12 依照編織圖所示依序鉤鎖針和長針，鉤完一圈。

13 最後穿過一開始的鎖針並將整束線挑起。

14 針頭鉤住線，並將鉤住的線引拔出來。完成第17排。

8 鉤第18排

1 鉤3針鎖針。（立針）

2 穿過前排的鎖針，鉤出一針長針・一針鎖針・2針長針。

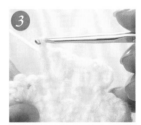

3 在下一個針目裡鉤出2針長針・1針鎖針・2針長針。

4 重複 **3** 鉤完第18排。

9 穿過緞帶

1 用緞帶（40cm）上下穿過第16排的模樣。

2 鉤織完成。（另外一隻腳的鉤法相同）

♕ *First Cap Blue* 帽子

線材
[Hamanaka可愛寶貝] 並太（粗）毛線
原色（2）50g、藍色（6）5g
針
5號 鉤針　縫合針
其他
緞帶 白色 [寬幅1.5cm] 85cm

針目及排數
＊1～24排的圖樣
圖樣編織　10cm24排
10cm25針

尺寸
臉圍 37.5cm
頭圍 41.5cm

P6

編織圖

[本體：1片]

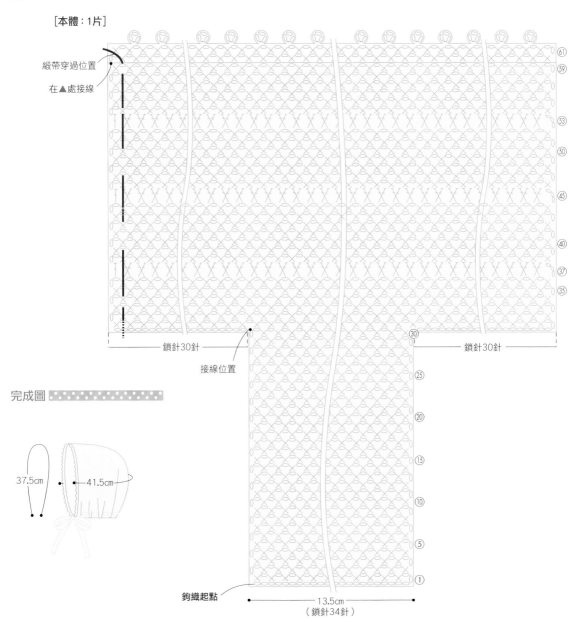

緞帶穿過位置
在▲處接線

鎖針30針

接線位置

鎖針30針

完成圖

37.5cm　←41.5cm→

鉤織起點

13.5cm
（鎖針34針）

1 鈎第一排

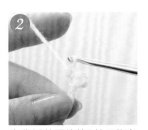

鈎鎖針36針。（34針起針、一針立針）
＊鎖針織法在第15頁

在靠近針頭的第3針目鈎出短針。
＊短針織法在第15頁

鈎一針鎖針。

輪流鈎出短針和鎖針，完成第一排。

2 鈎到第30排

依照編織圖所示，鈎完30排。

3 鈎到第36排

鈎32針鎖針。（30針起針，一針立針）

在另一側的角接上線。

鈎30針鎖針。

從①開始，繼續依照編織圖所示輪流用短針和鎖針鈎完一排，完成第31排。

依照編織圖所示鈎出5排，完成第36排。

4 鈎第37排

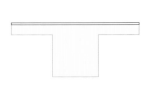

鈎出3針鎖針。（立針）

長針一針交叉編織法 ② ▶ ⑤

針頭鈎住線，將針插入第2針目裡。

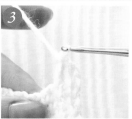

鉤出長針。
＊長針的織法在第18頁

針頭鉤住線，將針插入靠近針頭的第一針目裡。

鉤出長針。（完成長針一針交叉編織）

鉤一排長針一針交叉編織，完成第37排。

5 鉤到第59排

依照編織圖所示鉤到第59排。

6 連接縫合

兩片對齊後，在♥處用捲針縫縫合。

7 邊緣織法

將★處也縫合起來。

連接另一條線

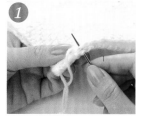

將針插入▲處，並鉤上另外一條線。

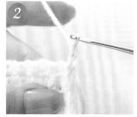

拉出鉤住的線，鉤2針鎖針。（第一針為立針）

在前排鎖針的洞裡鉤入短針。

輪流用鎖針和短針，鉤出一排。

鉤2針鎖針（第一針為立針）．一針短針．一針鎖針。

鉤3針鎖針。

將針插入靠近針頭的第2針目裡。

針頭鉤住線，將鉤住的線引拔出來。（完成凸編）

在下一個洞鉤入短針。

8 穿過緞帶

依照鎖針‧短針‧凸編鉤織的順序，依照編織圖鉤完一段。

將緞帶穿過編好的線裡。

製作完成。

First Cape Blue

First Cape Flower

CHAPTER 2
First Toys

親手做一隻兔子……
送給剛出生的寶貝
當作寶貝的第一個玩偶吧！

為寶貝量身訂做。
將兔子的身體做得較細容易抓取……
手腳可以自由轉動，還可以坐著。
最棒的是……使用能夠清洗的毛線，令人安心。

First Rabbit Pink

How to Make ♔ RABBIT（兔子）：P66

換一下耳朵就變成了小熊……
也可以選擇自己喜愛的顏色
再別上可愛的緞帶
為了避免鬆開，將緞帶固定縫住。

First Bear White

First Bear Blue

How to Make ♔ BEAR White（小熊）：P66　BEAR BLUE（小熊）：P30

為剛出生的寶貝……
親手製作旋轉鈴
寶貝看了一定很開心吧！

色彩豐富的毛線旋轉鈴
裝飾在寶貝能看得見的地方吧！

旋轉鈴，轉啊轉、搖啊搖
不僅讓寶貝看了開心
也讓毛線的溫柔感充滿整個房間。

First Bed Merry

How to Make ♔ BED MERRY（旋轉鈴）：P70

等寶貝稍微長大一點，可以觸摸著玩。
縫上緞帶，裝飾在嬰兒床旁邊吧！

讓寶貝伸手抓取。
體驗因碰觸而晃動的樂趣。
或是將緞帶解開，讓寶貝拿著玩。
享受和寶貝一起成長的喜悅
使用可清洗式的毛線，隨時都能保持乾淨。

First Bed Merry

How to Make 👑 BED MERRY（旋轉鈴）：P70

CHAPTER 2
First Toys

親手做一個捏捏玩偶……
送給剛出生的寶貝
當作寶貝的第一個玩具吧！

做成牢固的形狀
讓寶貝能夠更容易握取。
給男寶寶小熊，女寶寶兔子
還能當作手指玩偶，和它們說說話喔。

Nigi-nigi Bear

Nigi-nigi Ship

How to Make
NIGI-NIGI BEAR（捏捏熊）：P35 ↘ NIGI-NIGI SHIP（捏捏船）：P72

長條型的捏捏玩具。
為了讓寶貝更容易抓取，上下都有接合織布
使用棉線編織出紮實的觸感。
可洗式的棉線，可以放心清洗乾淨。

Nigi-nigi Cake

Nigi-nigi Rabbit

How to Make
NIGI-NIGI RABBIT（捏捏兔）：P68　NIGI-NIGI CAKE（捏捏蛋糕）：P72

線材

[Hamanaka淘氣丹尼斯] 並太（粗）毛線　藍色（47）30g

針

5號 鉤針　縫合針

其他

緞帶 白色 [寬幅1.5cm] 35cm

25號繡線 深咖啡色 少許

手工藝棉花 適量

針目及排數

短針	10cm21排

10cm20針

尺寸

寬 12cm　高 17cm

完成圖

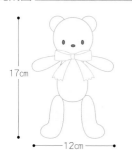

17cm

12cm

編織圖

[頭部：1片]

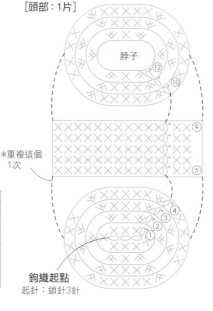

脖子

⑫ ⑩ ⑨ ⑤ ④ ③ ①

*重複這個1次

鉤織起點

起針：鎖針3針

頭部針目的增減方法

12	−6	→ 8
11	−8	→ 14
10	−4	→ 22
5〜9	±0	→ 26
4	+4	→ 26
3	+8	→ 22
2	+6	→ 14
第1排	+5針	→ 8針
起針	鎖針3針	

[耳朵：2片]

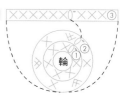

③ ② ① 輪

耳朵針目的增加方法

3	±0	→ 9
2	+3針	→ 9針
第1排	輪的中間6針短針	

[身體：1片]

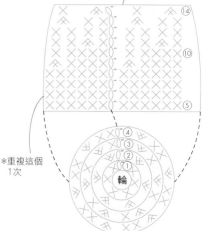

脖子

⑭ ⑩ ⑤ ④ ③ ② ① 輪

*重複這個1次

身體針目的增減方法

14	−4	→ 8
13	−4	→ 12
12	±0	→ 16
11	±0	→ 16
10	±0	→ 20
9	−4	→ 20
5〜8	±0	→ 24
4	+6	→ 24
3	+6	→ 18
2	+6針	→ 12針
第1排	輪的中間6針短針	

[腳：2片]

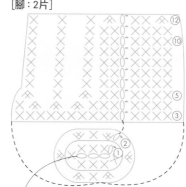

⑫ ⑩ ⑤ ③ ② ①

鉤織起點

起針：鎖針3針

腳部針目加減方法

6〜11	±0	→ 7
5	−2	→ 9
4	−3	→ 11
3	±0	→ 14
2	+6	→ 14
第1排	+5針	→ 8針
起針	鎖針3針	

[手：2片]

⑩ ⑤ ③ ① ② 輪

*重複這個1次

手部針目的增減方法

9・10	±0	→ 6
8	−2	→ 6
7	±0	→ 8
6	−2	→ 8
3〜5	±0	→ 10
2	+5針	→ 10針
第1排	輪的中間5針短針	

實物大圖案

緞面繡（深咖啡色・6條）

P25

1 鉤織頭部第一排

鉤4針鎖針。（第一針為立針）

＊鎖針的織法在第15頁

在第2針針目鉤短針。

＊短針的織法在第15頁

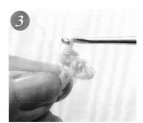

在下一針針目裡鉤短針。

在下一針針目裡鉤入3針短針。

＊短針加針（1針變3針）的織法在第15頁

在下一針針目裡鉤短針。

在最開始的針目裡鉤入2針短針。

＊短針加針（1針變2針）的織法在第15頁

將針頭插入最初的短針針目裡，將針頭鉤線並引拔出來，完成第一排。

2 鉤織第2排

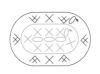

鉤織一針鎖針。（立針）

在同一針針目裡鉤入2針短針。

依照編織圖所示，用短針和短針加針（1針變2針），鉤完第2排。

3 鉤織到第4排

依照編織圖鉤到第4排。

4 鉤織到第10排

用短針鉤出第5排。

鉤一針鎖針。（立針）

鉤短針2併針。
＊短針2併針的織法在第18頁

依照編織圖所示，用短針和短針2併針，鉤完第10排。

5 鉤到第12排

6 鉤出身體的輪狀起針，鉤第一排

輪狀起針的編織方法 ❶ ▶ ❺

依照編織圖所示，鉤到第12排。

❶

將線繞過食指2圈，製作輪狀。

❷

將鉤針插入輪狀裡，針頭鉤線。

輪狀起針的編織方法

❸

將線拉出。

❹

將針頭鉤線。

❺

將線引拔出來。完成一針鎖針。（立針）

❻

鉤一針短針。

7 鉤第2排

❼

再鉤5針短針。

❽

將做好的輪狀收緊。

❾

將鉤針插入最初的短針針目裡，針頭鉤線，將線引拔出，完成第一排。

① 鉤一針鎖針。（立針）

② 在同一針目裡鉤入短針加針（1針變2針）。

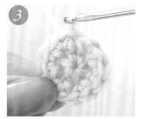
③ 重複短針加針（1針變2針）5次，鉤完第2排。

8 鉤至第14排

① 依照編織圖所示，用短針和短針加針（1針變2針），鉤完第4排。

② 用短針鉤出4排。

③ 依照編織圖所示，用短針和短針加針（1針變2針），鉤至第14排。

9 鉤織其他部位

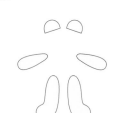

① 依照編織圖所示，鉤出2片耳朵。

② 依照編織圖所示，鉤出2隻手。

③ 依照編織圖所示，鉤出2隻腳。

④ 將2片耳朵重疊，並用捲針縫縫合。

⑤ 完成耳朵。

⑥ 將棉花塞入手中。

⑦ 用縫合針上下挑起第10排的針目，並穿過線。

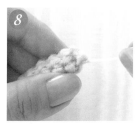
⑧ 將線拉緊。

10　將頭部和身體連接

⑨

用十字縫縫合，完成手部。

⑩

腳也用和手部同樣的方法完成。

①

將棉花塞入頭部和身體。

②

上下穿過頭部和身體的針目，連接縫合起來。

③

完成連接。

11　連接耳朵、手和腳

第2排

①

將耳朵縫在頭部。

②

在身體第13排縫上手。

③

在身體第4排縫上腳。

④

完成耳朵、手、腳的連接。

12　刺繡並別上緞帶

①

4排

繡上眼睛和鼻子。

②

別上緞帶，製作完成。

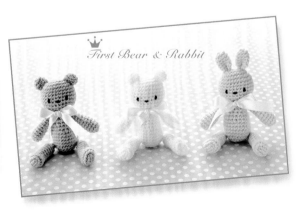

First Bear & Rabbit

♛ *Nigi-nigi Bear* 　　　　　　　　　　捏捏熊

線材
[Hamanaka Paume Baby Color] 並太（粗）毛線
藍色（95）15g、黃色（93）100g
[Hamanaka Paume＜植物染＞] 並太（粗）毛線 灰色（55）少許
針
5號 鉤針　縫合針
其他
手工藝棉花 適量

針目及排數

| 短針 | 10cm24排 |

10cm20針

尺寸
寬 9cm　高 14cm

完成圖

編織圖

14cm

9cm

[臉1片]

脖子

⑬ ⑫ ⑪ ⑩

[耳朵2片]

③ ② ① 輪

耳朵針目的增加方法

3	±0	→ 9
2	+3針	→ 9針
第1排	輪的中間6針短針	

[握手1片]

⑨
※⑥～⑧沒有增減針
⑤

*重複這個1次

④ ③ ② ①

鉤織起點
起針：鎖針6針

臉部針目的增減方法

13	−4	→ 14
12	−4	→ 18
11	−2	→ 22
10	−2	→ 24
5～9	±0	→ 26
4	+4	→ 26
3	+4	→ 22
2	+4	→ 14
第1排	+8針	→ 14針
起針	鎖針6針	

⑱ ⑮ ⑩ ⑮ ⑳ ⑮ ⑩ ⑤ ①

20cm
（48排）

7cm
（鎖針14針）

實物大圖案

緞面繡
（灰色・一條）

1 編織圈圈

鉤14針鎖針
＊鎖針的織法在第15頁

將針插入最初的鎖針針目裡。

將針頭鉤住線，並將線引拔出來。（完成起針）

鉤一針鎖針。（立針）

在同一針目裡鉤入短針。
＊短針的織法在第15頁

鉤一排短針，完成第一排。

再繼續鉤47排短針。

棉花塞入，將兩端用捲針縫縫合。

完成圈圈。

2 編織頭部

依照編織圖所示，鉤出起針和第一排。

依照編織圖所示，鉤到第4排。

用短針鉤第5排。

依照編織圖所示，鉤到第13排。

將棉花塞入，完成頭部。

3 編織耳朵

以輪狀起針，並鉤出短針6針，完成第一排。
*輪狀起針的織法在第32頁

輪流用短針和短針加針（1針變2針），鉤完第2排。

用短針鉤第3排。

4 將各部位連接

將2片耳朵重疊，用捲針縫縫合，完成耳朵。

第2排

在頭部縫上耳朵。

完成2支耳朵縫合。

5 刺繡

用縫合針上下挑起第13排的針目，並穿過線，將線拉緊。

將頭部和圈圈縫合連接。

完成頭部連接。

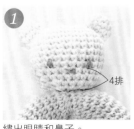

4排

繡出眼睛和鼻子。

製作完成。

CHAPTER 3
Best Clothes

等寶貝稍微長大一點⋯⋯
準備一件開襟外套
讓寶貝外出的時候穿吧！

溫暖的黃色開襟外套，男生女生都合適。
還有別上可愛的毛球綁帶。
簡單的圖樣編織，對於第一次編織的人也沒問題。
只要2天就能完成，絕對要試著編織看看。

Cardigan

How to Make CARDIGAN（開襟外套）：P64

編織一系列的的毛球帽子
和小熊鞋子送給寶貝吧！

直線編織的帽子，可以輕鬆簡單地完成。
在學步前的嬰兒只穿襪子好像會太冷，
做一雙針織鞋讓寶貝穿上吧！

Pom-pon Cap

Shoes Bear

How to Make ♔ CAP（帽子）：P73 ～ SHOES（嬰兒鞋）：P55

CHAPTER 3
Best Clothes

等寶貝稍微長大一點⋯⋯
親手為女孩編織一件
毛線背心裙吧！

直線編織的簡單裙子。
別上許多小花，
幫女孩打扮得更可愛吧！
輕鬆穿脫的樣式也很方便呢！

Skirt

How to Make ♛ SKIRT（背心裙）：P74

親手為寶貝編織

小花髮飾、小花髮夾、以及兔子的鞋子吧！

髮飾可以在脖子前方打蝴蝶結。

等女孩長大一點，可以綁在髮後當成髮圈。

針織鞋子就當作外出鞋穿！

Hair Accessory

Hair Pin

Shoes Rabbit

How to Make ♔ HAIR PIN（髮夾）：P75
HAIR ACCESSORY（髮飾）：P75
SHOES（嬰兒鞋）：P73

CHAPTER 3
Best Clothes

等寶貝稍微長大一點……

親手編織一頂帽子送給寶貝！

帶有耳朵的小熊帽子

讓寶貝更顯得可愛

另外還有耳罩設計，溫暖呵護寶貝。

Cap Bear

How to Make ♔ CAP（帽子）：P51

女孩的話就編織一頂粉紅色小花帽
並且在帽頂別上一朵小花。

不論是可愛的小圓帽或是時尚的貝蕾帽
戴起來都非常方便。
另外還使用了可清洗的毛線。

Brim Hat

Béret

CHAPTER 3
Best Clothes

等寶貝稍微長大一點……
親手為寶貝編織圍兜兜和小肩包吧！

可愛的圍兜兜讓吃飯變得更有趣了。
使用可洗式毛線，髒了可以清洗乾淨。
有兔子和小熊兩種樣式，任君選擇。

Bib Rabbit

Bib Bear

How to Make ♔ BIB（圍兜兜）：P77

製作相同樣式的小肩包給寶貝吧！
背在寶貝身上超級可愛！

寶貝也最喜歡背著肩包了！
手帕或是玩具都可以放進包包內。
回到家中後掛在牆上……搖身變成可愛的壁飾。

Pochette Rabbit

Pochette Bear

How to Make POCHETTE（小肩包）：P78

 Cardigan 開襟外套

線材
[Hamanaka可愛寶貝] 並太（粗）毛線
黃色（11）185g

針
5號 鉤針　縫合針　縫衣針

其他
暗扣 [直徑0.8cm] 3組
25號繡線 黃 少許

針目及排數
圖樣編織　10cm16排
10cm21針

尺寸
身長 30cm　胸寬 31.5cm
肩寬 26cm　袖長 21cm

P38

完成圖 ｜ 編織圖

←21cm→←26cm→←21cm→

30cm　31.5cm

邊緣的編織方法

＊每隔4針鉤織凸編

[袖子：2片]

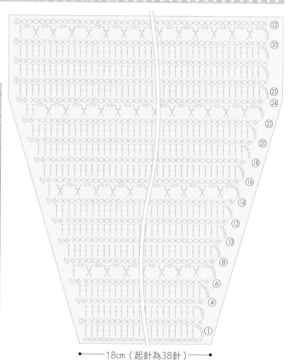

←18cm（起針為38針）→

袖子針目的增減方法

25～32	±0	→ 60
24	+2	→ 60
23	±0	→ 58
22	+2	→ 58
21	±0	→ 56
20	+2	→ 56
19	±0	→ 54
18	+2	→ 54
17	±0	→ 52
16	+2	→ 52
15	±0	→ 50
14	+2	→ 50
13	±0	→ 48
12	+2	→ 48
11	±0	→ 46
10	+2	→ 46
9	±0	→ 44
8	+2	→ 44
7	±0	→ 42
6	+2	→ 42
5	±0	→ 40
4	+2	→ 40
第1～3排	±0針	→ 38針
起針	鎖針38針	

[後衣身：1片]

用和★同樣的圖樣編織減針至54針，並重複2次編織。

接線位置

接線位置

重複 ★ 2次

★

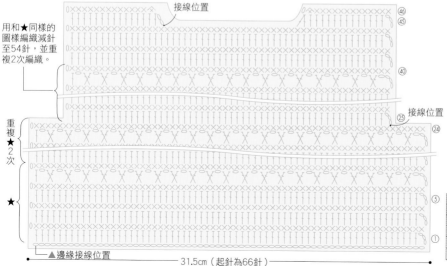

▲邊緣接線位置

←31.5cm（起針為66針）→

後衣身針目的增減方法

46	－1	→ 14
45	－39	→ 15
26～44	±0	→ 54
25	－12	→ 54
第1～24排	±0針	→ 66針
起針	鎖針66針	

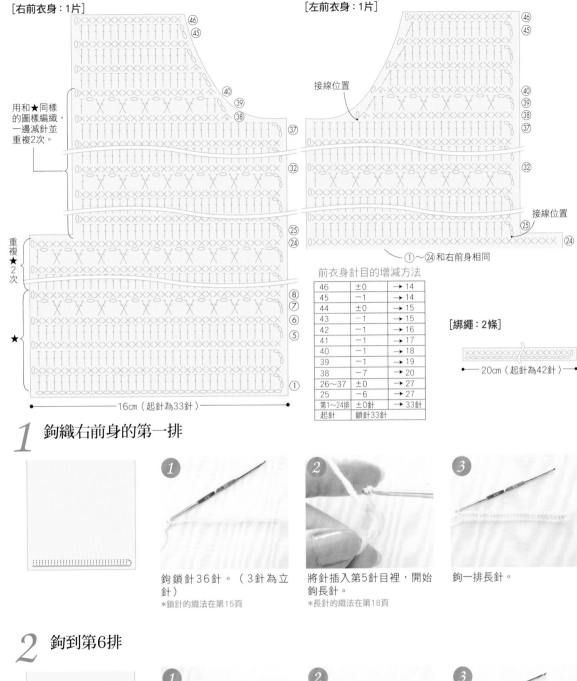

[右前衣身：1片]　[左前衣身：1片]

用和★同樣的圖樣編織，一邊減針並重複2次。

接線位置

重複★2次

★

①～㉔和右前身相同

接線位置

16cm（起針為33針）

前衣身針目的增減方法

46	±0	→ 14
45	−1	→ 14
44	±0	→ 15
43	−1	→ 15
42	−1	→ 16
41	−1	→ 17
40	−1	→ 18
39	−1	→ 19
38	−7	→ 20
26～37	±0	→ 27
25	−6	→ 27
第1～24排	±0針	→ 33針
起針	鎖針33針	

[綁繩：2條]

20cm（起針為42針）

1　鉤織右前身的第一排

1 鉤鎖針36針。（3針為立針）
＊鎖針的織法在第15頁

2 將針插入第5針目裡，開始鉤長針。
＊長針的織法在第18頁

3 鉤一排長針。

2　鉤到第6排

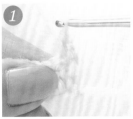

1 鉤一針鎖針（立針），開始鉤短針。
＊短針的織法在第15頁

2 鉤一排短針。

3 輪流用長針‧短針，鉤到第6排。

3 鉤到第24排

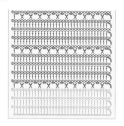

① 鉤4針鎖針（3針為立針），將針頭鉤線，並插入第3針目裡。

② 繼續鉤長針，將針插入靠近針頭的第一針目裡。

③ 鉤出長針。
＊長針一針交叉編的織法在第21頁

④ 鉤一針鎖針和長針一針交叉編。

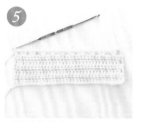
⑤ 重複鉤織鎖針和長針一針交叉編，鉤完一排。

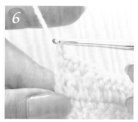
⑥ 鉤一排短針。重複同樣的花樣2次，鉤到第24排。

4 鉤到第46排

① 鉤3針鎖針（立針）和26針長針後，將織布翻過來。

② 依照編織圖所示鉤到第37排。

③ 鉤一針鎖針（立針）、19針短針和短針2併針，完成第38排。
＊短針2併針的織法在第18頁

④ 鉤2針鎖針（立針）和2針長針。

⑤ 鉤一針鎖針和長針一針交叉編。

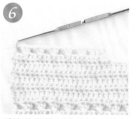
⑥ 重複鉤織鎖針和長針一針交叉編，完成第39排。

⑦ 依照編織圖所示鉤到第46排，完成右前衣身。

5 鉤織左前衣身和後衣身

6 鉤織袖子

① 鉤織左前衣身。

② 鉤織後衣身。

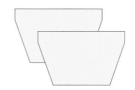

① 鉤38針鎖針（起針），並依照編織圖所示鉤至第3排。

② 鉤一針鎖針（立針）和短針加針（1針變2針）。
＊短針加針（1針變2針）的織法在第15頁

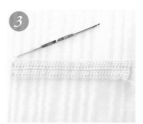

③ 鉤36針短針。

④ 在下一個針目裡鉤短針加針（1針變2針）。

⑤ 依照編織圖所示鉤至第32排。（還要再鉤織一片）

7 接上肩膀

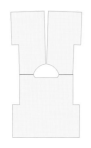

引拔併縫的方法 ① ▶ ④

① 前後衣身反面朝外對齊，將針插入2片織布的肩部頂端針目後，針頭鉤線。

② 將線一次引拔出來。

③ 將針插入下一針目裡，針頭鉤線。

引拔併縫的方法

④ 將線一次引拔出來。

⑤ 重複同樣的鉤織法，完成引拔併縫。

8 將袖子接上，縫合腋下部分

① 將袖子對齊衣身中心和衣身袖口前端部分。

和肩部縫合方式一樣,用引拔併縫連接袖子。

袖子下方和腋下部分用捲針縫縫合。

衣身和袖子接合完成。

▲為接線位置

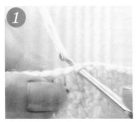

將針插入後衣身左下襬處(▲)的針目裡,針頭鉤線。

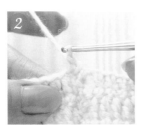

直接將線引拔出來,鉤一針鎖針(立針)和短針。

沿著衣服邊緣鉤一圈短針(衣角部分用短針加針1針變3針織法)。

鉤一針鎖針(立針)和短針。

鉤3針短針。

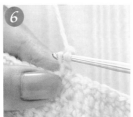

將針插入第2針目裡。

10 接上暗扣和綁繩

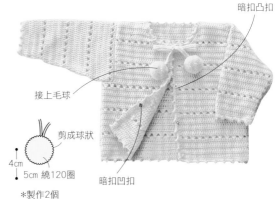

暗扣凸扣

接上毛球

暗扣凹扣

剪成球狀

4cm

5cm 繞120圈

*製作2個

針頭鉤線,將線引拔出來。(完成凸編)

重複4針短針‧凸編,鉤邊緣一圈。袖子也以同樣織法鉤織袖口邊緣,製作完成。

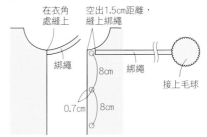

在衣角處縫上

空出1.5cm距離,縫上綁繩

綁繩

綁繩

接上毛球

8cm

0.7cm

8cm

 *Cap Bear*

線材
[Hamanaka淘氣丹尼斯] 並太（粗）毛線
藍色（47）50g、深咖啡色（13）少許
針
5號 鉤針　縫合針

**針目
及排數**

短針	10cm21排

10cm20排

尺寸
頭圍 48cm　深度 13cm

完成圖

鉤織起點

13cm　48cm

7.5cm　7cm

21cm

1cm

3cm

編織圖

[本體：1片]

背面的中心

⑳～㉖沒有增減　㉗

⑲

⑯

*到此為止
重複5次

⑮

⑩

⑤

輪①

正面的中心

本體針目的增減方法

19～27	±0	→ 96
18	+6	→ 96
17	+6	→ 90
16	±0	→ 84
15	+6	→ 84
14	+6	→ 78
13	+6	→ 72
12	±0	→ 66
11	+6	→ 66
10	+6	→ 60
9	+6	→ 54
8	+6	→ 48
7	+6	→ 42
6	+6	→ 36
5	+6	→ 30
4	+6	→ 24
3	+6	→ 18
2	+6針	→ 12針
第1排	輪的中間6針短針	

[耳罩部分：左右各1片]

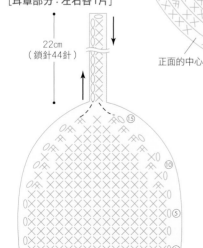

22cm
（鎖針44針）

⑬

⑩

⑤

①

從本體挑起15針

耳罩部分針目的增減方法

15	−2	→ 3
14	−2	→ 5
13	−2	→ 7
12	−2	→ 9
11	±0	→ 11
10	−2	→ 11
9	±0	→ 13
8	−2	→ 13
2～7	±0針	→ 15針
第1排	從本體挑起15針	

右側由背面中心第15針目開始接線
左側由正面隔開38針開始接線

[耳朵：2片]

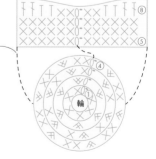

⑧

⑤

*到此為止
重複1次

④

輪

耳朵針目的增減方法

5～8	±0	→ 24
4	+6	→ 24
3	+6	→ 18
2	+6針	→ 12針
第1排	輪的中間6針短針	

1 鉤織第一排

① 用手指做出圓圈，將針插入圓圈內，鉤一針鎖針。（立針）
＊輪狀起針織法在第32頁

② 鉤6針短針。
＊短針的織法在第15頁

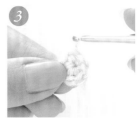

③ 將輪狀收緊，鉤針插入最初的短針針目裡，將線引拔出，完成第一排。

2 鉤織第2排

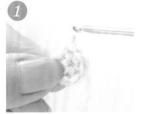

① 鉤一針鎖針。（立針）

② 在同一針目裡鉤短針加針（1針變2針）。
＊短針加針1針變2針的織法在第15頁

③ 重複鉤5次短針加針（1針變2針），鉤完第2排。

3 鉤到第18排

① 依照編織圖所示，用短針和短針加針（1針變2針）輪流鉤織，完成第3排。

② 依照編織圖所示鉤到第18排。

4 鉤到第27排

5 鉤織耳罩部分

鉤9排短針，依照編織圖所示鉤到第27排。

① 將針插入由背面中心數來第15針目，針頭鉤線。

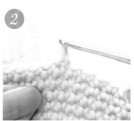

② 直接將線引拔出來，鉤一針鎖針。（立針）

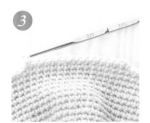

③ 鉤15針短針，完成第1排。

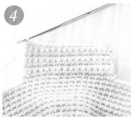

④ 繼續鉤出6排短針。

⑤ 依照編織圖所示，用短針和短針2併針鉤完第8排。

⑥ 依照編織圖所示鉤到第15排。

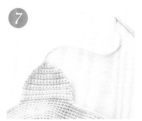

⑦ 鉤45針鎖針。（第一針為立針）

⑧ 用短針往回鉤。

⑨ 將針插入第15排的針目裡，針頭鉤線，將線引拔出，完成耳罩部分。（另一側也用相同方式鉤織）

6 製作流蘇

流蘇的製作方法 ❶ ▶ ❹

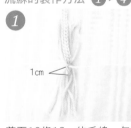

① 剪下10條12cm的毛線，包覆住繩子的前端，再用另一條線把中心打結。

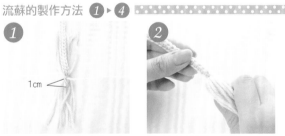

② 將上面的線往下折。

③ 用別條線在上方1cm處打結。

④ 整齊地剪成3cm長。

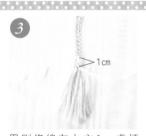

7 接上耳朵

第7排

⑤ 另一側也用同樣方式製作流蘇。

① 用輪狀起針鉤6針短針，完成第一排。

② 依照編織圖所示，用短針和短針加針（1針變2針），鉤到第4排。

③

鉤3排短針。

④

依照編織圖所示鉤到第8排
後，將織片對折。

⑤

底部用捲針縫縫合。

⑥

將耳朵接縫上本體。

圖案

8 刺繡

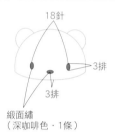

18針

3排

3排

緞面繡
（深咖啡色・1條）

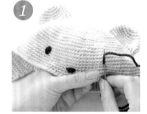

①

繡上眼睛和鼻子。

②

製作完成。

First Bears Set

線材
[Hamanaka可愛寶貝] 並太（粗）毛線
黃色（11）35g
針
5號 鉤針　縫合針
其他
25號繡線 深咖啡色 少許

**針目
及排數**

| 短針 | 10cm24排 |

10cm24針

尺寸
腳丫尺寸 11～12cm

P39

完成圖

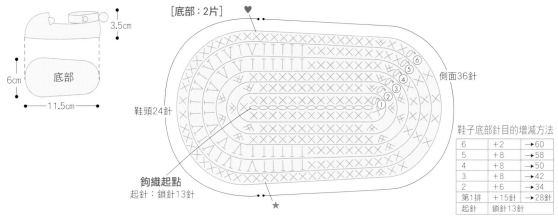

底部

3.5cm

6cm

11.5cm

編織圖

[底部：2片]

側面36針

鞋頭24針

鉤織起點
起針：鎖針13針

鞋子底部針目的增減方法

6	＋2	→60
5	＋8	→58
4	＋8	→50
3	＋8	→42
2	＋6	→34
第1排	＋15針	→28針
起針	鎖針13針	

[鞋頭部分：2片]

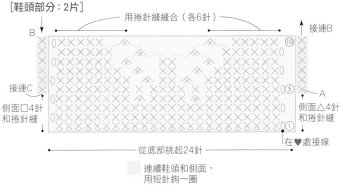

用捲針縫縫合（各6針）

B　　　　　　　　　　　　　接連B

接連C
側面□4針
和捲針縫

側面△4針
和捲針縫

A

在♥處接線

從底部挑起24針

連續鞋頭和側面，
用短針鉤一圈

鞋頭針目的增減方法

10	－2	→12
9	－2	→14
8	－2	→16
7	－2	→18
6	－2	→20
5	±0	→22
4	－2	→22
2・3	±0針	→24針
第1排	從底部挑起24針	

[側面（左腳）：各一片]

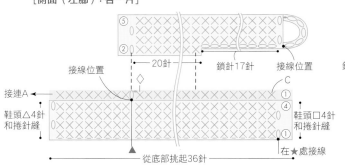

接線位置

20針　　　鎖針17針　　接線位置

接連A

鞋頭△4針
和捲針縫

鞋頭□4針
和捲針縫

C

從底部挑起36針

在★處接線

[側面（右腳）：1片]

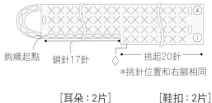

鉤織起點　　鎖針17針　　挑起20針

＊挑針位置和右腳相同

[耳朵：2片]

1.3cm
(3排)

1.5cm
（鎖針4針）

[鞋扣：2片]

輪

1 鞋底鉤織到第3排

鉤14針鎖針。（第一針為立針）
＊鎖針的織法在第15頁

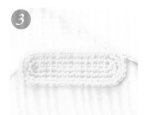

依照編織圖所示鉤第一排。
＊短針、短針加針（1針變2針）、短針加針（1針變3針）的織法在第15頁。

依照編織圖所示，用短針和短針加針（1針變2針）鉤完第3排。

2 鉤到第6排

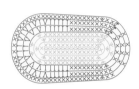

依照編織圖所示鉤到第5排。

依照編織圖所示，用短針和短針加針（1針變2針）鉤完第6排。

3 鉤織鞋頭

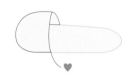

短針的筋編編織方法 3 ▶ 4

將針插入由鞋頭中心數來第12針目裡（♥），針頭鉤線。

直接將線引拔出，鉤一針鎖針。（立針）

將針插入並挑起前段短針針目的外側半針。

鉤短針。（完成短針的筋編）

繼續鉤23針短針筋編，完成第一排。

鉤一排短針。

再鉤一排短針。

依照編織圖所示，用短針和短針2併針鉤完第4排。

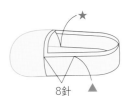

8針 ▲

⑨ 依照編織圖所示，鉤到第10排。

⑩ 將第10排對折，用捲針縫縫合。

⑪ 完成鞋頭。

① 將針插入由鞋頭中心數來第13針目裡（★），針頭鉤線。

② 將線引拔出，鉤一針鎖針。（立針）

③ 將針插入並挑起一條前段對面側的針目。

④ 鉤短針。

⑤ 繼續鉤35針短針的筋編，完成第1排。

⑥ 鉤3排短針。

⑦ 用捲針縫將鞋頭和側面縫合。

⑧ 將針插入從鞋頭最前端數來第8針目（▲）裡，針頭鉤線。

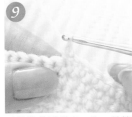

⑨ 直接將線引拔出，鉤一針鎖針。（立針）

⑩ 鉤短針。

⑪ 鉤一圈短針。

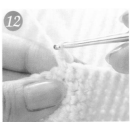

⑫ 翻至反面，鉤一針鎖針（立針）和短針。

5 鉤織鞋帶

繼續鉤19針短針。

鉤18針鎖針。（第一針為立針）

鉤3排短針，在鞋帶的最前端接上毛線。

鉤5針鎖針。

將針插入另一側的角裡。

針頭鉤線，將線引拔出後收針。

6 鉤織鞋扣

用輪狀起針鉤8針短針。
*輪狀起針的織法在第32頁

用縫合針互相挑起針目。

拉緊線球。

底部用十字縫縫合。

7 鉤織耳朵

將鞋扣縫到鞋子上。

完成鞋子本體。

鉤5針鎖針。（第一針為立針）

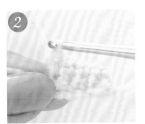

鉤2排短針。

在第3排鉤2次短針2併針，完成耳朵。（還要再鉤織一片）

將耳朵縫製在鞋子上，使耳朵能夠立起。

完成耳朵。

8 製作並縫上尾巴

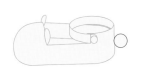

毛球的製作方法 ①▶④

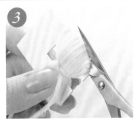

準備一張有1cm寬缺口的厚紙板，將毛線捲繞50次。

用毛線將中心處纏繞2圈並綁緊。綁線留著。

將捲繞在厚紙板上的毛線2端剪開。

毛球的製作方法

修剪成直徑2cm的球形。

將毛球縫在鞋子後方的中心處。

9 刺繡

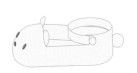

7排

繡上眼睛和鼻子。

實物大圖案

緞面繡
（深咖啡色・6條）

完成左腳。（右腳也用同樣方式製作。鞋帶的編織圖是左右相反）

Shous Bear

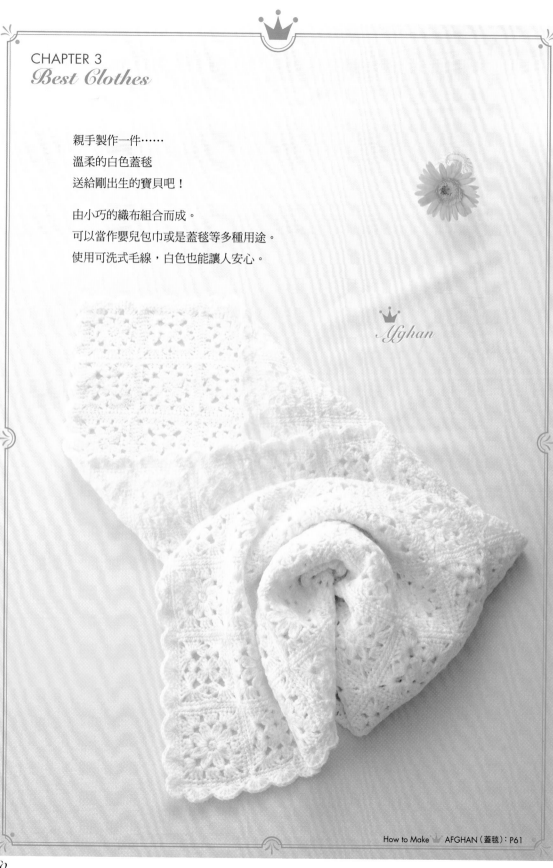

CHAPTER 3
Best Clothes

親手製作一件……
溫柔的白色蓋毯
送給剛出生的寶貝吧！

由小巧的織布組合而成。
可以當作嬰兒包巾或是蓋毯等多種用途。
使用可洗式毛線，白色也能讓人安心。

Afghan

How to Make ♔ AFGHAN（蓋毯）：P61

線材

[Hamanaka可愛寶貝] 並太（粗）毛線

原色（2）450g

針

5號 鉤針　縫合針

針目
及排數

短針　10cm24排

10cm24針

尺寸

寬 80cm　長 80cm

完成圖

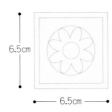

6.5cm

6.5cm

6.5cm

6.5cm

編織圖

[本體A：61片]

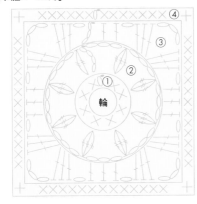

[本體B：60片]

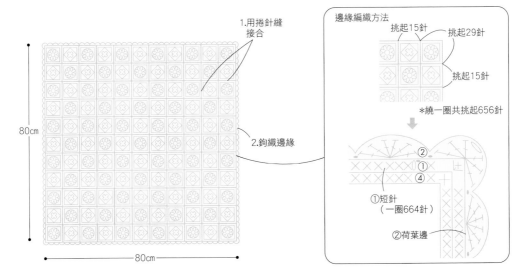

1.用捲針縫
接合

2.鉤織邊緣

80cm

80cm

邊緣編織方法

挑起15針　挑起29針

挑起15針

*繞一圈共挑起656針

①短針
（一圈664針）

②荷葉邊

1 鉤織A的第一排

1 用手指做出圓圈，將針插入圓圈內，鉤一針鎖針。（立針）
*輪狀起針織法在第32頁

2 鉤8針短針。
*短針的織法在第15頁

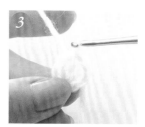

3 將輪狀收緊，鉤針插入最初的短針針目裡，將線引拔出，完成第一排。

2 鉤第2排

鎖針和長長針2針玉編織法 **1** ▶ **8**

1 鉤4針鎖針。（立針）

2 針頭鉤2次線，將針插入同一針目裡，再次將針頭鉤線。

3 直接將線引拔出來。

鎖針和長長針2針玉編織法

4 針頭鉤線，重複2次引拔2針。

5 針頭鉤線，將針插入同一針目裡，再次將針頭鉤線。

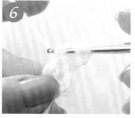

6 直接將線引拔出來。

7 針頭鉤線，重複2次引拔2針。

鎖針和
長長針2針
玉編織法

8 針頭鉤線，將線一次引拔出來。（完成鎖針和長長針2針玉編）

9 鉤3針鎖針。

長長針3針玉編織法 **10** ▶ **14**

10 針頭鉤2次線，將針插入下一針目裡，再次將針頭鉤線。

11 直接將線引拔出來。

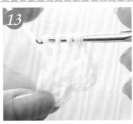

針頭鉤線，重複2次引拔2針。

在同一針目裡將⑩～⑫重複2次。

針頭鉤線，將線一次引拔出來。（完成長長針3針的玉編）

依照編織圖所示，輪流用3針鎖針和長長針3針玉編，鉤完第2排。

3 鉤至第4排

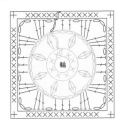

鉤4針鎖針。（3針為立針）

針頭鉤線，挑起前排鎖針的針束。

鉤長針。
＊長針的織法在第18頁

4 鉤織B

繼續鉤2針長針‧3針鎖針‧3針長針。

依照編織圖所示，輪流用鎖針和長針鉤完第3排。

用短針鉤第4排，完成A織片。（總共鉤織61片）

用輪狀起針，依照編織圖所示鉤鎖針和長針，完成第一排。

依照編織圖所示鉤第2排。

依照編織圖所示鉤第3排。

依照編織圖所示鉤第4排，完成B。（總共製作60片）

5 接合織片

用捲針縫接合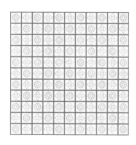

1

將A與B用捲針縫接合。

2

上下接合。將A與B上下接合成11片長，並且製作11條。

3

將11條接合好的織片從側邊用捲針縫接合。

6 鉤織邊緣

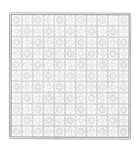

1

用短針鉤織4邊邊緣，4個角則用短針加針（1針變3針）鉤織。

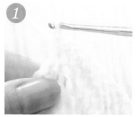

2

鉤完一圈後，將針插入最初的短針針目裡，針頭鉤線，將線引拔出。

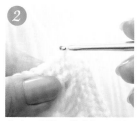

3

針頭鉤線，將針插入第3針目裡。

4

鉤長針。

5

繼續在同針目裡鉤5針長針。

6

在第3針目裡將線引拔出。

7

重複 **3** ～ **6** 直到鉤到角的2針目前停止。

8

針頭鉤線，將針插入角的針目裡。

9

鉤3針長針。

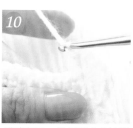

10

繼續在同一針目裡鉤1針鎖針和3針長針。

11

在第2針目裡將線引拔出。重複 **3** ～ **11**，鉤完一圈，製作完成。

索引

記載本書所使用的編織記號與織法。
如果不了解編織圖的話，參考本頁內容就能立即明白。

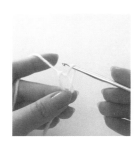

線材
[Hamanaka可愛寶貝] 並太（粗）毛線
原色（2）170g、藍色（6）15g

針
5號 鉤針　縫合針
其他
緞帶 白色［寬幅1.8cm］85cm

針目及排數
圖樣編織10cm正方形
25針24排
＊第1～7排的圖樣

尺寸
寬 77cm
長 39.5cm

完成圖

39.5cm
77cm

製作方法

① 鉤織本體，穿過緞帶。

緞帶83cm

本體

② 製作完成。

將緞帶打結

編織圖

［本體：1片］　□ 白　▨ 藍

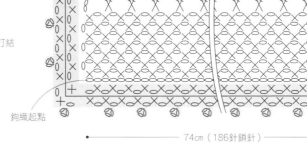

換顏色

從74排繼續鉤織邊緣

緞帶穿過位置

重複⑱～㉑的圖樣

重複★6次

★

鉤織起點

74cm（186針鎖針）

線材
[Hamanaka淘氣丹尼斯] 並太（粗）毛線
＜兔子＞粉紅色（5）30g
＜小熊＞白色（1）30g
針
5號 鉤針　縫合針
其他
緞帶 白色［寬幅1.5cm］各35cm
25號繡線 深咖啡色 各少許
手工藝棉花 各適量

針目及排數
短針10cm正方形
20針21排

尺寸
	兔子	小熊
寬	12cm	12cm
高	19.5cm	17cm

編織圖
＊兔子耳朵以外的編織圖和30～34頁的小熊相同。

［兔子耳朵：2片］

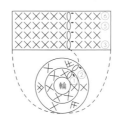

耳朵針目的增加方法

3～6	±0	→ 9
2	＋3針	→ 9針
第1排	輪的中間6針短針	

線材	針	針目及排數	尺寸
[Hamanaka可愛寶貝] 並太（粗）毛線 ＜共用＞原色（2）各20g ＜藍色襪子＞藍色（6）5g ＜粉紅襪子＞粉紅色（4）5g	5號 鉤針　縫合針	圖樣編織10cm正方形 25針24排	腳丫尺寸 10〜11cm

完成圖

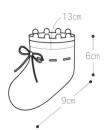

13cm
6cm
9cm

編織圖

□ 白　▨ 藍・粉紅

[本體：左右各一片]

・本體・

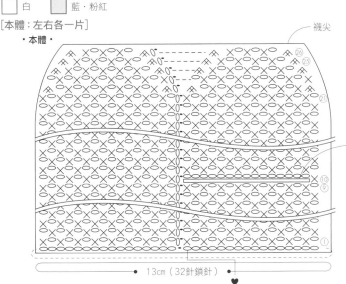

襪尖

襪跟和襪頭（在第10排鉤17針圖樣編織，15針鎖針，引拔出最初的針目）

13cm（32針鎖針）

・襪頭邊緣・

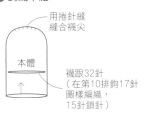

從襪頭邊緣挑起32針
在♥處接線

本體針目的增減方法

襪跟		
4	4	→ 20
3	4	→ 24
2	4針	→ 28針
1	從襪跟和襪頭挑起32針	

本體		
26	4	→ 16
25	4	→ 20
24	4	→ 24
23	±0	→ 28
22	4	→ 28
第1〜21排	±0針	→ 32針
起針	鎖針32針	

・襪跟・

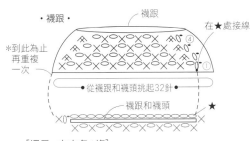

襪跟
在★處接線
＊到此為止再重複一次
從襪跟和襪頭挑起32針
襪跟和襪頭

[繩子：左右各1條]

32cm（80針鎖針）

製作方法

① 鉤織本體。

用捲針縫縫合襪尖
本體
襪跟32針（在第10排鉤17針圖樣編織，15針鎖針）

② 編織襪頭邊緣本體。

襪頭邊緣

③ 編織襪跟和繩子，穿過繩子，製作完成。

繩子
捲針縫
襪跟

穿過繩子，別上緞帶
9排
穿過圖樣織片

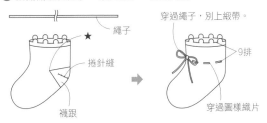

寶貝兔＆熊

製作方法

除了兔子的耳朵以外，製作方法和30〜34頁的寶貝熊相同。

[兔子]　　　　將下面折起來縫住

19.5cm

12cm

[熊]

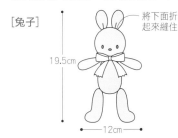

線材
[Hamanaka LOOPLE] 並太（粗）毛線
粉紅色（4）105g、白色（1）35g

針
6號 鉤針　縫合針
其他
緞帶 白色［寬幅1.8cm］80cm

針目及排數
圖樣編織10cm正方形
16針10排

尺寸
寬 73cm
長 40cm

完成圖

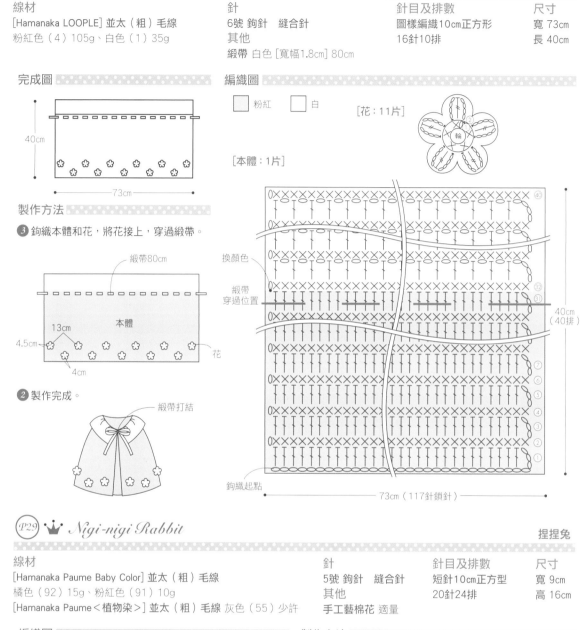

40cm
73cm

製作方法

❸ 鉤織本體和花，將花接上，穿過緞帶。

緞帶80cm

本體

13cm
4.5cm
4cm
花

❷ 製作完成。

緞帶打結

編織圖

□ 粉紅　□ 白

［花：11片］

［本體：1片］

換顏色
緞帶
穿過位置

40cm
（40排）

鉤織起點

73cm（117針鎖針）

線材
[Hamanaka Paume Baby Color] 並太（粗）毛線
橘色（92）15g、粉紅色（91）10g
[Hamanaka Paume＜植物染＞] 並太（粗）毛線 灰色（55）少許

針
5號 鉤針　縫合針
其他
手工藝棉花 適量

針目及排數
短針10cm正方型
20針24排

尺寸
寬 9cm
高 16cm

編織圖

＊耳朵以外的編織圖和35～37頁的捏捏熊相同。

［耳朵：2片］

※④～⑦沒有增減

＊到此為止
再重複一次

耳朵針目的增加方法

3～8	±0	→ 9
2	+3	→ 9
第1排	輪的中間6針短針	

製作方法

＊製作方法和35～37頁的捏捏熊相同。

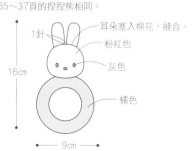

1針
耳朵塞入棉花，縫合。
粉紅色
灰色
橘色
16cm
9cm

線材
[Hamanaka LOOPLE] 並太（粗）毛線
白色（1）85g

針
6號 鉤針　縫合針
其他
緞帶 白色［寬幅1.5cm］110cm

針目及排數
短針10cm正方形
17針18排

尺寸
胸寬 26cm
身長 32cm

完成圖

編織圖

[本體：1片]

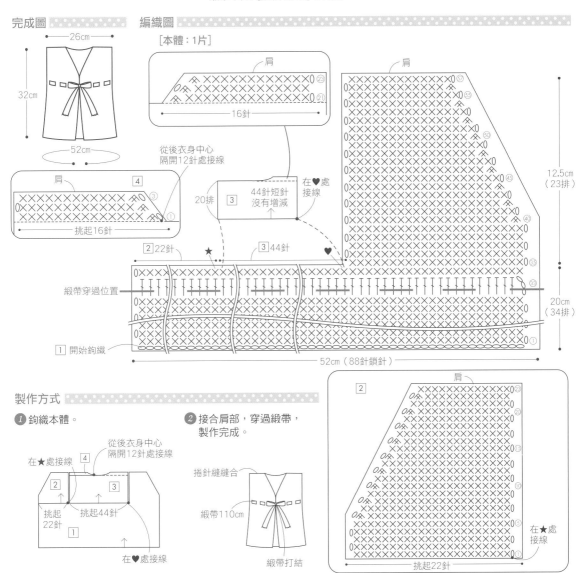

製作方式

❶ 鉤織本體。

❷ 接合肩部，穿過緞帶，製作完成。

線材
[Hamanaka可愛寶貝]
並太（粗）毛線 粉紅色（4）30g
針
5號 鉤針　縫合針
其他
緞帶 白色［寬幅0.9cm］80cm

針目及排數
短針10cm正方形
24針24排

尺寸
腳丫尺寸
10～11cm

編織圖・製作方法
＊編織圖・製作方法和14～19頁的嬰兒鞋相同。

線材
[Hamanaka可愛寶貝] 並太（粗）毛線
<小熊>黃（11）20g <可愛吊飾>粉紅色
（5）・藍色（6）・黃（11）・橘色
（20）各15g、綠色（14）10g <毛球>
粉紅色（5）20g、藍色（6）・黃（11）・
綠色（14）各15g、橘色（20）10g
<支架>藍色（6）25g

針
5號 鉤針　縫合針　縫衣針
其他
緞帶 白色 [寬幅0.9cm]<A>75cm <B>170cm、
[寬幅0.3cm]<A>420cm、<B>170cm
25號繡線 深咖啡色・白色 各少許
鋁線<A>[粗度0.3cm] 115cm

針目及排數
短針10cm正方形
21針22排

尺寸
A	A
寬 18cm	寬 35・28cm
高 55cm	高 18・16cm

完成圖

11cm
●—8cm—●

5.5cm
●—6.5cm—●

7cm
●—7.5cm—●

5.5cm

6cm
●—6cm—●

編織圖

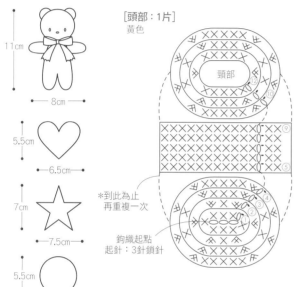

[頭部：1片] 黃色
頸部
*到此為止 再重複一次
鉤織起點 起針：3針鎖針

[耳朵：2片] 黃色

*到此為止 再重複一次
輪

[手：2片] 黃色
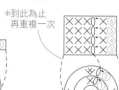
*到此為止 再重複一次
輪

耳朵針目的增加方法
3	±0	→ 10
2	＋5針	→ 10針
第1排	輪的中間5針短針	

手部針目的增加方法
3～6	±0	→ 8
2	＋4針	→ 8針
第1排	輪的中間4針短針	

[心型：各2片] 粉紅色・橘色
接線位置
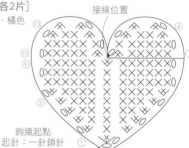
鉤織起點 起針：一針鎖針

頭部針目的增減方法
12	－2	→ 12
11	－4	→ 14
10	－8	→ 18
5～9	±0	→ 26
4	＋8	→ 26
3	＋4	→ 18
2	＋6	→ 14
第1排	＋5針	→ 8針
起針	鎖針3針	

[身體：1片] 黃色
頸部
在♥處 接線
從左腳挑起10針　從右腳挑起10針

身體針目的增減方法
14	±0	→ 12
13	－4	→ 12
12	±0	→ 16
11	－4	→ 16
7～10	±0針	→ 20針
	從左右腳各挑起10針	
3～6	±0	→ 10
2	＋5針	→ 10針
第1排	輪的中間5針短針	

心型針目的增減方法
13(4)	－2	→ 2
12(3)	－2	→ 4
11(2)	±0	→ 6
10(1)	－1針	→ 6針
	從第9排各挑起7針	
9	＋1	→ 14
7・8	±0	→ 13
6	＋2	→ 13
5	＋2	→ 11
4	＋2	→ 9
3	＋2	→ 7
2	＋2	→ 5
第1排	＋2針	→ 3針
起針	鎖針1針	

・10針・　・10針・
*到此為止 再重複一次
輪　　　輪
・左腳・　　・右腳・

實物大圖案

緞面繡
（深咖啡色・6條）

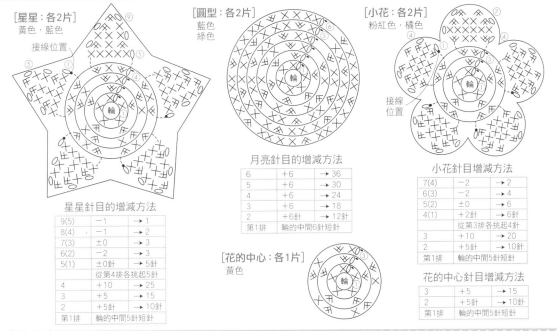

[星星：各2片]
黃色・藍色

接線位置

[圓型：各2片]
藍色
綠色

[小花：各2片]
粉紅色・橘色

接線位置

月亮針目的增減方法

6	＋6	→ 36
5	＋6	→ 30
4	＋6	→ 24
3	＋6	→ 18
2	＋6針	→ 12針
第1排	輪的中間6針短針	

[花的中心：各1片]
黃色

星星針目的增減方法

9(5)	－1	→ 1
8(4)	－1	→ 2
7(3)	±0	→ 3
6(2)	－2	→ 3
5(1)	±0針	→ 5針
	從第4排各挑起5針	
4	＋10	→ 25
3	＋5	→ 15
2	＋5針	→ 10針
第1排	輪的中間5針短針	

小花針目增減方法

7(4)	－2	→ 2
6(3)	－2	→ 4
5(2)	±0	→ 6
4(1)	＋2針	→ 6針
	從第3排各挑起4針	
3	＋5	→ 15
2	＋5針	→ 10針
第1排	輪的中間5針短針	

花的中心針目增減方法

3	＋5	→ 15
2	＋5針	→ 10針
第1排	輪的中間5針短針	

製作方法

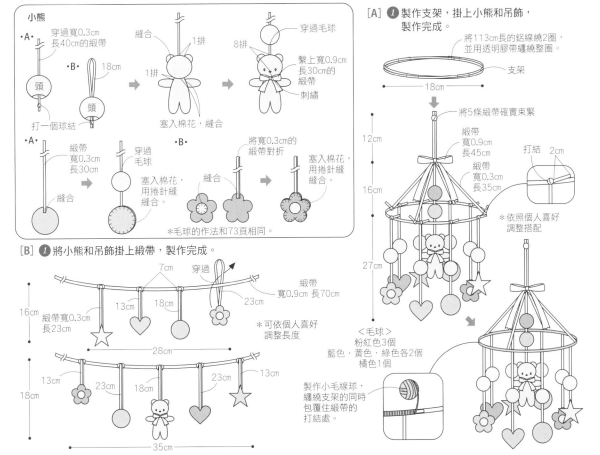

小熊

・A・ 穿過寬0.3cm
長40cm的緞帶

頭
打一個球結

・B・ 18cm
頭

縫合
1排
1排
塞入棉花，縫合

穿過毛球
8排
繫上寬0.9cm
長30cm的緞帶
刺繡

・A・
緞帶
寬0.3cm
長30cm
縫合

穿過毛球
塞入棉花，
用捲針縫
縫合。

・B・
縫合

將寬0.3cm的
緞帶對折
塞入棉花，
用捲針縫
縫合。

＊毛球的作法和73頁相同。

[A] ❶ 製作支架，掛上小熊和吊飾，
製作完成。

將113cm長的鋁線繞2圈，
並用透明膠帶纏繞整圈。
支架
18cm

12cm
16cm
27cm

將5條緞帶確實束緊
緞帶
寬0.9cm
長45cm
緞帶
寬0.3cm
長35cm

打結 2cm

＊依照個人喜好
調整搭配

<毛球>
粉紅色3個
藍色・黃色・綠色各2個
橘色1個

製作小毛線球，
纏繞支架的同時
包覆住緞帶的
打結處。

[B] ❶ 將小熊和吊飾掛上緞帶，製作完成。

7cm
穿過
緞帶
寬0.9cm 長70cm

13cm 18cm 23cm

16cm
緞帶寬0.3cm
長23cm

28cm

＊可依個人喜好
調整長度

13cm 23cm 18cm 23cm 13cm

18cm

35cm

線材
[Hamanaka Paume Baby Color] 並太（粗）毛線 ＜捏捏船＞藍色（95）・綠色（94）・黃色（93）・橘色（92）各5g
＜捏捏蛋糕＞粉紅色（91）・橘色（92）・黃色（93）各5g
[Hamanaka Paume Cotton Linen] 並太（粗）毛線
＜共用＞白色（201）各5g

針　5號 鉤針　縫合針
其他　手工藝棉花 各適量

針目及排數　短針10cm正方形　20針24排

尺寸
船　寬 6cm　高 16cm
蛋糕　寬 5cm　高 16cm

完成圖

編織圖

製作方法

❶ 鉤織各部位，將各部組合，製作完成。

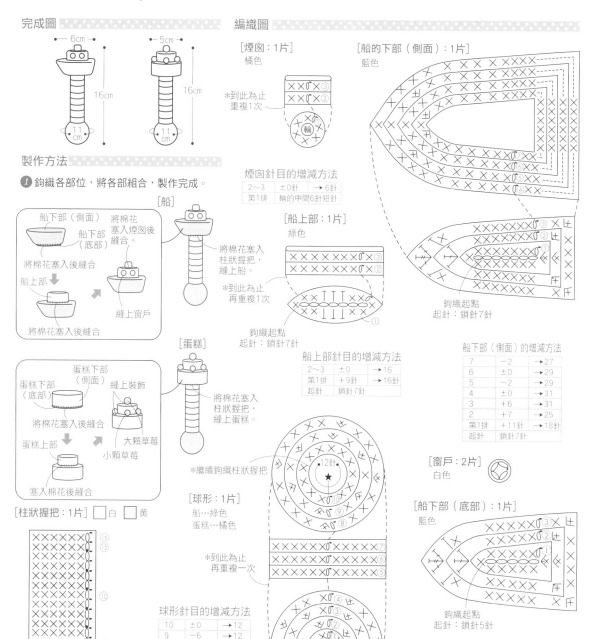

[煙囪：1片] 橘色
*到此為止 重複1次

煙囪針目的增減方法

2〜3	±0針	→6針
第1排	輪的中間6針短針	

[船上部：1片] 綠色
*到此為止 再重複1次
鉤織起點 起針：鎖針7針

船上部針目的增減方法

2〜3	±0	→16
第1排	+9針	→16針
起針	鎖針7針	

[船的下部（側面）：1片] 藍色
鉤織起點 起針：鎖針7針

船下部（側面）的增減方法

7	−2	→27
6	±0	→29
5	−2	→29
4	±0	→31
3	+6	→31
2	+7	→25
第1排	+11針	→18針
起針	鎖針7針	

[窗戶：2片] 白色

[船下部（底部）：1片] 藍色
鉤織起點 起針：鎖針5針

船下部（底部）針目的增減方法

3	+6	→27
2	+7	→21
第1排	+9針	→14針
起針	鎖針5針	

[船]
將棉花塞入煙囪後縫合。
將棉花塞入柱狀握把，縫上船。
縫上窗戶

船下部（側面）
船下部（底部）
將棉花塞入後縫合
船上部
將棉花塞入後縫合

[蛋糕]
蛋糕下部（側面）
蛋糕下部（底部）
縫上裝飾
將棉花塞入後縫合
蛋糕上部
塞入棉花後縫合
大顆草莓
小顆草莓
將棉花塞入柱狀握把，縫上蛋糕。

[柱狀握把：1片] □白 □黃
換顏色 在★處 接線
從球形挑起12針

[球形：1片]
船…綠色
蛋糕…橘色
*繼續鉤織柱狀握把
*到此為止 再重複一次

球形針目的增減方法

10	±0	→12
9	−6	→12
8	−4	→18
7〜5	±0	→22
4	+4	→22
3	+6	→18
2	+6針	→12針
第1排	輪的中間6針短針	

編織圖

[蛋糕下部（側面）（底部）：各1片]

粉紅色

*蛋糕下部（底部）鉤到第5排

*到此為止再重複一次

蛋糕下部（側面）（底部）針目的增減方法

6～10	±0	→30
5	+6	→30
4	+6	→24
3	+6	→18
2	+6針	→12針
第1排	輪的中間6針短針	

[蛋糕上部：1片]

粉紅色

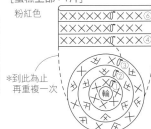

*到此為止再重複一次

※⑦～⑨沒有增減

蛋糕上部針目的增減方法

4～6	±0	→18
3	+6	→18
2	+6針	→12針
第1排	輪的中間6針短針	

[大顆草莓：1片]

橘色

*到此為止再重複一次

大顆草莓針目的增減方法

2～3	±0針	→8針
第1排	輪的中間8針短針	

[小顆草莓：4片]

橘色

*到此為止再重複一次

小顆草莓針目的增減方法

2～3	±0針	→5針
第1排	輪的中間5針短針	

P39 ♔ *Pom-pon Cap*　　　　　　　　　毛球帽子

線材	針	針目及排數	尺寸
[Hamanaka可愛寶貝] 並太（粗） 黃色（11）65g	5號 鉤針　縫合針	短針10cm正方形 21針22排	頭圍 48cm 深度 13.5cm

完成圖

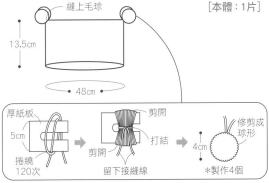

縫上毛球

13.5cm

←48cm→

編織圖

[本體：1片]

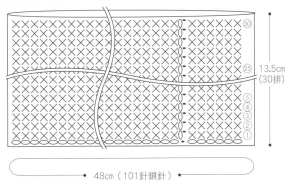

13.5cm
（30排）

←48cm（101針鎖針）→

厚紙板

5cm

捲繞120次　剪開　留下接縫線　剪開　打結　修剪成球形　4cm

*製作4個

P41 ♔ *Shoes Rabbit*　　　　　　　　　嬰兒鞋

線材	針	針目及排數	尺寸
[Hamanaka可愛寶貝] 並太（粗） 粉紅色（4）35g	5號 鉤針　縫合針 其他 25號繡線 深咖啡色 少許	短針10cm正方形 24針24排	腳丫尺寸 11～12cm

完成圖

3.5cm

6cm

底部

←11.5cm→

編織圖

*耳朵以外的編織圖和55～59頁的小熊嬰兒鞋相同。

[耳朵：左右各2片]

2.5cm
（6排）

1.5cm
（4針鎖針）

製作方法

*製作方法和55～59頁的小熊嬰兒鞋相同。

1針

線材	針	針目及排數	尺寸
[Hamanaka可愛寶貝] 並太（粗）毛線 粉紅色（5）140g、原色（2）20g	5號 鉤針　縫合針	圖樣編織10cm正方形 20針15排	胸寬 26cm 身長 39cm

完成圖

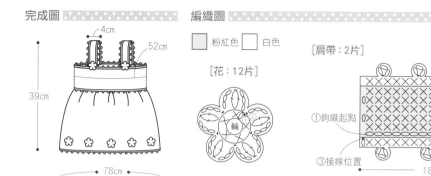

編織圖

　粉紅色　　□ 白色

[花：12片]

[肩帶：2片]

②接線位置

①鉤織起點

③接線位置

2.5cm（5排）

18cm（36針鎖針）

製作方法

❶ 鉤織各部位。

花
*鉤織12片

肩帶

前後身

裙子

[前後身：1片]

②接線位置

重複★處5次

★

①鉤織起點

③接線位置

8cm（12排）

52cm（104針鎖針）

❷ 前後身縫上肩帶和裙子。

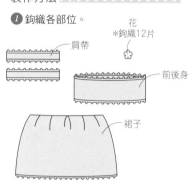

1.5cm

（內側）

縫合

（內側）

重疊1排

9cm

[裙子：1片]

*在第35排每隔2針跳過1針，鉤引拔針，縮減成104針。

重複★處2次

★

①鉤織起點

②接線位置

23cm（35排）

78cm（156針鎖針）

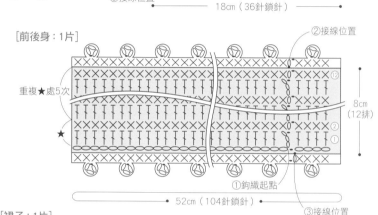

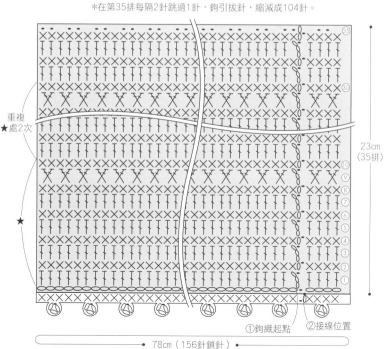

❸ 縫上小花，製作完成。

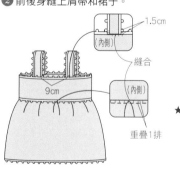

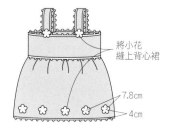

將小花縫上背心裙

7.8cm

4cm

線材
[Hamanaka可愛寶貝] 並太（粗）毛線
＜髮飾＞粉紅色（5）10g、原色（2）5g
＜髮夾＞粉紅色（5）5g

針
5號 鉤針　縫合針
其他
髮夾 粉紅色2支

針目及排數
短針10㎝正方形
21針22排

尺寸
髮飾	髮夾
寬 5.5cm	寬 3cm
長 83cm	長 4.5cm

完成圖

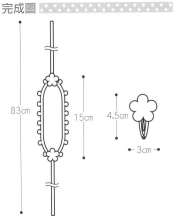

83cm　15cm　4.5cm
3cm
5.5cm

編織圖

▨ 粉紅色　□ 白色

[綁繩：2片]

35cm（74針鎖針）

[本體：1片]

換顏色

鉤織起點

[花：各2片]

輪

本體針目的增減方法

30	−2	→ 1
29	−1	→ 3
28	±0	→ 4
27	−2	→ 4
25・26	±0	→ 6
24	−2	→ 6
8〜23	±0	→ 8
7	＋2	→ 8
5・6	±0	→ 6
4	＋2	→ 6
3	±0	→ 4
2	＋1	→ 4
第1排	＋2針	→ 3針
起針	短針1針	

製作方法

[髮飾]

❶ 鉤織各部位。

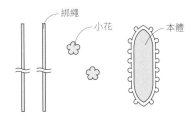

綁繩　小花　本體

❷ 將綁繩和花縫上本體，製作完成。

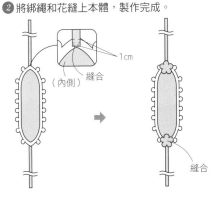

1cm
縫合
（內側）
縫合

[髮夾]

❶ 鉤織小花，縫上髮夾，製作完成。

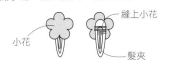

縫上小花
小花
髮夾

◇ 長針2針玉編

①針頭鉤線，將針
　插入前排的針目
　裡。

②針頭鉤線，將線
　引拔出，再次將
　針頭鉤線。

③引拔出2針。

④在同一針目裡，重複1次
　①〜③後，針頭鉤線。

⑤一次將線引拔出來，
　完成長編2針玉編。

線材
[Hamanaka淘氣丹尼斯] 並太（粗）毛線
粉紅色（5）35g、桃紅色（9）10g

針
5・7號 鉤針　縫合針

針目及排數
短針10cm正方形
20針21排

尺寸
頭圍 48cm
深度 4cm

完成圖

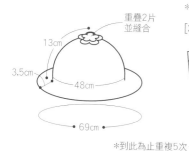

- 18cm
- 重疊2片並縫合
- 2.5cm
- 1.5cm
- 48cm

編織圖

[本體：1片]　□粉紅色　□桃紅色

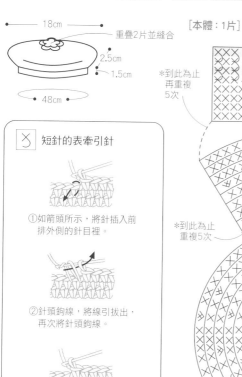

*到此為止再重複5次
*到此為止重複5次
換顏色

[花：2片]

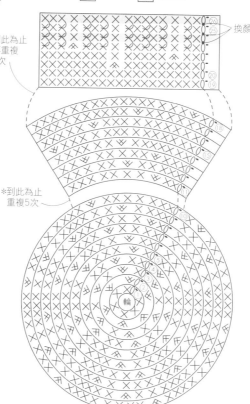

*用5號鉤針製作一片，用7號鉤針雙線製作另一片。

⊠ 短針的表牽引針

①如箭頭所示，將針插入前排外側的針目裡。

②針頭鉤線，將線引拔出，再次將針頭鉤線。

③將線一次引拔出來，完成短針的表牽引針。

本體針目的增減方法

排	增減	針數
24～26	±0	→96
23	−6	→96
22	−6	→102
21	−6	→108
19・20	±0	→114
18	+6	→114
17	+6	→108
16	+6	→102
15	+6	→96
14	+6	→90
13	+12	→84
12	+6	→72
11	+6	→66
10	+6	→60
9	+6	→54
8	+6	→48
7	+6	→42
6	+6	→36
5	+6	→30
4	+6	→24
3	+6	→18
2	+6針	→12針
第1排	輪的中間6針短針	

線材
[Hamanaka淘氣丹尼斯] 並太（粗）毛線
粉紅色（5）35g、桃紅色（9）20g

針
5・7號 鉤針　縫合針

針目及排數
短針10cm正方形
20針21排

尺寸
頭圍 48cm
深度 13cm

完成圖

- 重疊2片並縫合
- 13cm
- 3.5cm
- 48cm
- 69cm

編織圖

*27排以前和51~53頁的小熊帽子相同。　*花的編織圖和貝蕾帽相同。

[本體：1片]　□粉紅色　□桃紅色

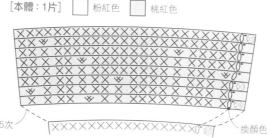

*到此為止重複5次

換顏色

帽沿針目的增減方法

排	增減	針數
35	±0	→138
34	+6	→138
33	+6	→132
32	+6	→126
31	+6	→120
30	+6	→114
29	+6	→108
第28排	+6針	→102針

線材

[Hamanaka Paume Baby Color] 並太（粗）毛線
＜兔子＞粉紅色（91）35g
＜小熊＞藍色（95）30g
[Hamanaka Paume Cotton Linen] 並太（粗）毛線
＜共用＞白色（201）各5g

針

5號 鉤針　縫合針　縫衣針

其他

不織布 深咖啡色 各適量
25號繡線
深咖啡色・桃紅色 各少許

針目及排數

短針10cm正方形
24針23排

尺寸

	兔子	小熊
寬	19cm	19cm
高	21cm	17cm

完成圖

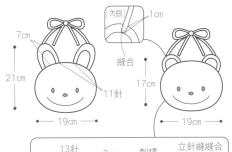

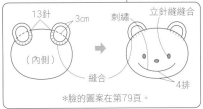

※臉的圖案在第79頁。

編織圖

□ 兔子…粉紅色
　小熊…藍色
□ 白色

[綁繩：2片]

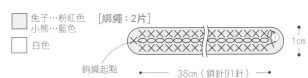

鉤織起點
38cm（鎖針91針）
1cm

[耳朵：各2片]
・小熊・

換顏色

鉤織起點
起針：
鎖針3針

小熊耳朵針目的增加方法

6	＋8	→42
5	＋4	→34
4	＋8	→30
3	＋8	→22
2	＋6	→14
第1排	＋5針	→8針
起針	鎖針3針	

兔子耳朵針目的增加方法

6	＋8	→60
5	＋4	→52
4	＋8	→48
3	＋8	→40
2	＋6	→32
第1排	＋14針	→26針
起針	鎖針12針	

本體針目的增加方法

16	＋4	→118
15	＋8	→114
14	＋4	→106
13	＋8	→102
12	＋6	→94
11	＋4	→88
10	＋8	→84
9	±0	→76
8	＋8	→76
7	＋8	→68
6	＋8	→60
5	＋4	→52
4	＋8	→48
3	＋8	→40
2	＋6	→32
第1排	＋14針	→26針
起針	鎖針12針	

・兔子・

換顏色

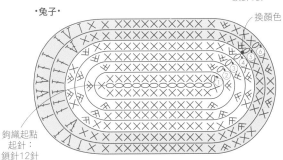

鉤織起點
起針：
鎖針12針

[本體：各1片]

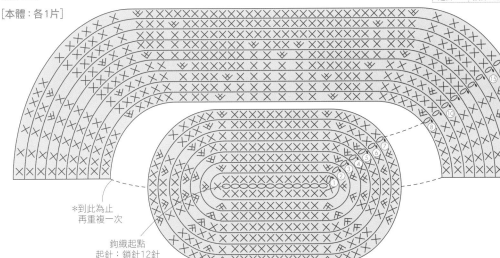

※到此為止
再重複一次

鉤織起點
起針：鎖針12針

線材
[Hamanaka Paume Baby Color]
並太（粗）毛線＜兔子＞粉紅色
（91）35g＜小熊＞藍色（95）30g
[Hamanaka Paume Cotton Linen]
並太（粗）毛線＜共用＞白色（201）各5g

針
5號 鉤針　縫合針　縫衣針
其他
不織布 深咖啡色 各適量
25號繡線
深咖啡色・桃紅色 各少許

針目及排數
短針10cm正方形
24針23排

尺寸
兔子
寬 13.5cm
高 14.5cm
帶繩長 72cm

小熊
寬 13.5cm
高 12.5cm
帶繩長 76cm

完成圖

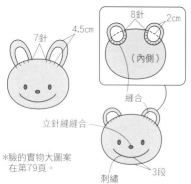

編織圖

□ 兔子…粉紅色　小熊…藍色
□ 白色

[耳朵：各2片]
・兔子・
・小熊・

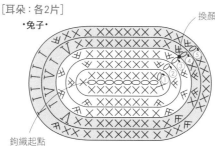

換顏色

鉤織起點
起針：鎖針8針

鉤織起點
起針：鎖針3針

兔子耳朵針目的增加方法

5	＋4	→ 54
4	＋8	→ 40
3	＋8	→ 32
2	＋6	→ 24
第1排	＋10針	→ 18針
起針	鎖針8針	

小熊耳朵針目的增加方法

5	＋4	→ 34
4	＋8	→ 30
3	＋8	→ 22
2	＋6	→ 14
第1排	＋5針	→ 8針
起針	鎖針3針	

[本體：各2片]

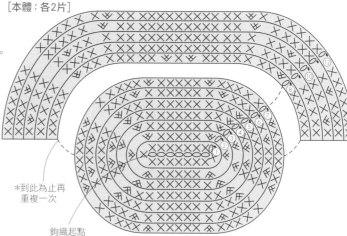

＊到此為止再
重複一次

鉤織起點
起針：鎖針7針

本體針目的增加方法

12	＋4	→ 86
11	＋8	→ 82
10	＋8	→ 74
9	±0	→ 66
8	＋8	→ 66
7	＋8	→ 58
6	＋8	→ 50
5	＋4	→ 42
4	＋8	→ 38
3	＋8	→ 30
2	＋6	→ 22
第1排	＋9針	→ 16針
起針	鎖針7針	

製作方法

1 鉤織各部位，接上耳朵，縫上眼睛和鼻子。

8針　2cm
（內側）
縫合

7針　4.5cm

立針縫縫合

＊臉的實物大圖案
在第79頁。

刺繡　3段

2 將本體接合，縫上帶繩，製作完成。

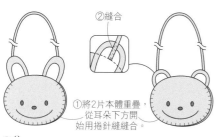

②縫合

①將2片本體重疊，
從耳朵下方開
始用捲針縫縫合。

[帶繩：各1片]

← 80cm（鎖針192針）→

實物大圖案

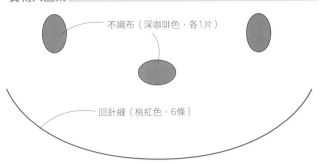

不織布（深咖啡色・各1片）

回針縫（桃紅色・6條）

*放大140%為圍兜兜的尺寸

在本書裡使用的刺繡方法

・緞面繡・

3出　2入　1出

・回針縫・

3出　2入　1出　4入

長針加針（1針變2針）

①針頭鉤線，將針插入前排的針目裡。

②鉤一針長針。
*長針的織法在第18頁

③在同一針目裡鉤長針，完成長針加針（1針變2針）。

長針2併針

①針頭鉤線，將針插入前排的針目裡。

②針頭鉤線，將線引拔出，再次將針頭鉤線。

③引拔出2針，針頭鉤線，將針插入下個針目裡。

④重複步驟②，引拔出2針，針頭鉤線。

⑤將線一次引拔出來，完成長針2併針。

長長針

①1針頭鉤2圈線，將針插入前排的針目裡。

②針頭鉤線，將線引拔出，針頭再次鉤線。

③引拔出2針，針頭鉤線。

④再一次引拔出2針，針頭鉤線。

⑤將線一次引拔出來，完成長長針。

PROFILE

寺西 恵里子 （てらにし　えりこ）

曾任職於三麗鷗公司，擔任小孩子產品的企劃設計。離職後，以"HAPPINESS FOR KID"為主題，持續從事手工藝、料理和勞作等領域廣泛的手作生活企劃。創作在實用書、女性雜誌、兒童雜誌、電視節目上極為活躍，關於手作的著作書籍超過550冊。
http：//www.teranishi-eriko.co.jp

◎著書
『ひと玉でできる かぎ針のモチーフ編み』（日東書院）『3時間で完成！誰でも編めるマフラーと帽子』（辰巳出版）
『心に残る手作りひとことカード』（PHP研究所）『チラシで作るバスケット』（NHK出版）『3歳からのお手伝い』（河出書房）
『広告ちらしでつくるインテリア小物』（主婦と生活社）『こどもの折り紙あそび』（ブティック社）
『365日子どもが夢中になるあそび』（祥伝社）『0．1．2歳のあそび環境』（フルーベル館）
『ねんどでつくるスイーツ＆サンリオキャラクター』（SANRIO）『はじめてのおさいほう』（汐文社）

TITLE

溫柔手編織！最呵護寶寶的衣服＆小物

STAFF

出版	瑞昇文化事業股份有限公司
作者	寺西 恵里子
譯者	元子怡

總編輯	郭湘齡
責任編輯	黃雅琳
文字編輯	黃美玉　黃思婷
美術編輯	謝彥如
排版	二次方數位設計
製版	大亞彩色印刷製版股份有限公司
印刷	皇甫彩藝印刷股份有限公司
法律顧問	經兆國際法律事務所　黃沛聲律師

戶名	瑞昇文化事業股份有限公司
劃撥帳號	19598343
地址	新北市中和區景平路464巷2弄1-4號
電話	(02)2945-3191
傳真	(02)2945-3190
網址	www.rising-books.com.tw
Mail	resing@ms34.hinet.net

初版日期	2015年2月
定價	200元

國家圖書館出版品預行編目資料

溫柔手編織!最呵護寶寶的衣服&小物 / 寺西惠里子作 ; 元子怡譯. -- 初版. -- 新北市：瑞昇文化, 2015.02
80面 ;18 X 24公分
ISBN 978-986-401-002-8(平裝)

1.編織 2.手工藝

426.4　　　　　　　　　　103027392